Sampa Das
Bipasha Chakraborty Banik

ENQUADRAMENTO NA AUTOMATIZAÇÃO

Sampa Das
Bipasha Chakraborty Banik

ENQUADRAMENTO NA AUTOMATIZAÇÃO

ScienciaScripts

Imprint

Cover image: www.ingimage.com

This book is a translation from the original published under ISBN 978-620-6-79017-4.

Publisher:
Sciencia Scripts
is a trademark of
Dodo Books Indian Ocean Ltd. and OmniScriptum S.R.L publishing group

120 High Road, East Finchley, London, N2 9ED, United Kingdom
Str. Armeneasca 28/1, office 1, Chisinau MD-2012, Republic of Moldova, Europe
Printed at: see last page
ISBN: 978-620-8-13208-8

COMO FAZER O ENQUADRAMENTO NA AUTOMATIZAÇÃO

Sra. Sampa Das

Sra. Bipasha Chakraborty Banik

Engenharia Eletrónica e de Comunicações

Instituto Memorial de Tecnologia Gargi

Conteúdo

RESUMO

Uma estrutura funciona como um contentor estruturado, agrupando recursos partilhados como bibliotecas partilhadas dinâmicas, ficheiros de imagem, cadeias de caracteres localizadas, ficheiros de cabeçalho e documentação de referência num pacote unificado. Serve como uma interface fácil de usar, simplificando as interações com sistemas internos complexos. No domínio da automatização de testes, uma estrutura funciona independentemente das aplicações, tratando uma vasta gama de acções e verificações possíveis em objectos. Esta versatilidade permite que o mesmo código de objeto seja utilizado em diversas aplicações.

1. Introdução

O que é o teste de automatização?

O teste de automatização é uma técnica de teste de software que utiliza ferramentas especiais de software de teste automatizado para executar um conjunto de casos de teste. Pelo contrário, o teste manual é efectuado por uma pessoa sentada em frente a um computador que executa cuidadosamente os passos do teste.

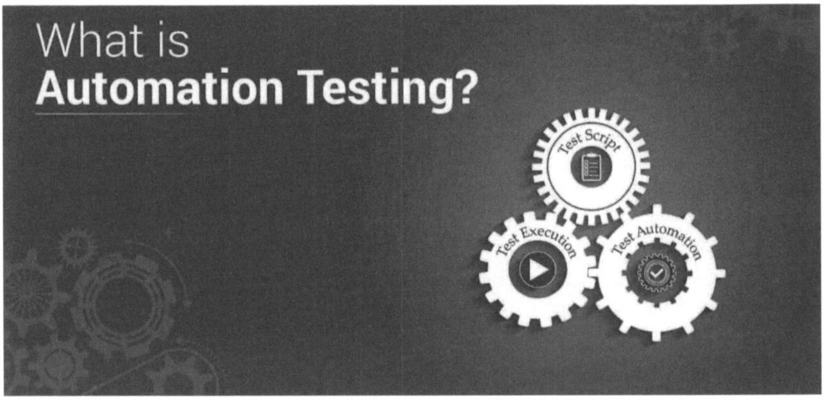
What is
Automation Testing?
Test Script
Test Execution
Test Automation

O software de automatização de testes também pode introduzir dados de teste no sistema em teste, comparar resultados esperados e reais e gerar relatórios de teste detalhados. A automatização dos testes de software exige investimentos consideráveis de dinheiro e recursos.

Ciclos de desenvolvimento sucessivos exigirão a execução do mesmo conjunto de testes repetidamente. Utilizando uma ferramenta de automatização de testes, é possível registar este conjunto de testes e reproduzi-lo quando necessário. Uma vez automatizado o conjunto de testes, não é necessária qualquer intervenção humana. Isto melhora o ROI da automatização de testes. O objetivo da automatização é reduzir o número de casos de teste a serem executados manualmente e não eliminar completamente os testes manuais.

A automatização dos testes é a melhor forma de aumentar a eficácia, a cobertura dos testes e a velocidade de execução dos testes de software. Os testes automatizados de software são importantes pelas seguintes razões:

- Os testes manuais de todos os fluxos de trabalho, de todos os campos e de todos os cenários negativos consomem muito tempo è dinheiro
- É difícil testar manualmente os sítios multilingues
- A automatização de testes de software não requer a intervenção humana. É possível efetuar testes automatizados sem supervisão (durante a noite)
- O TestAutomation aumenta a velocidade de execução dos testes
- A automatização ajuda a aumentar a cobertura dos testes
  - Os testes manuais podem tornar-se aborrecidos e, consequentemente, propensos a erros.

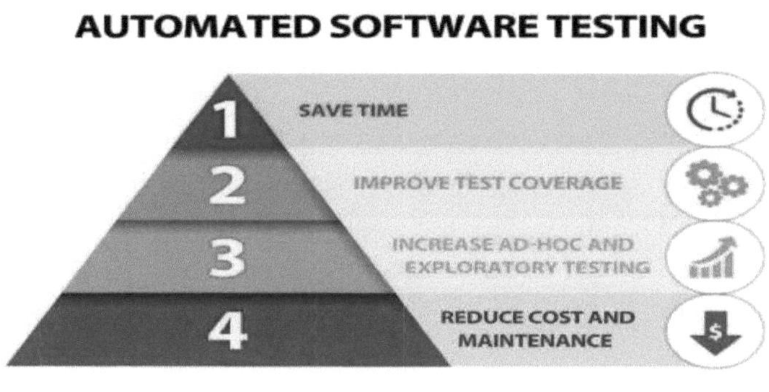
AUTOMATED SOFTWARE TESTING
1
SAVE TIME
2
IMPROVE TEST COVERAGE
3
INCREASE AD-HOC AND EXPLORATORY TESTING
4
REDUCE COST AND MAINTENANCE

2. Tipo de casos de teste

Que casos de teste devem ser automatizados?

Os casos de teste a automatizar podem ser selecionados utilizando o seguinte critério para aumentar o ROI da automatização

- Casos de teste de alto risco - críticos para a atividade

Casos de teste que são executados repetidamente

- Casos de teste que são muito aborrecidos ou difíceis de executar manualmente
- Casos de teste que consomem muito tempo

As seguintes categorias de casos de teste não são adequadas para automatização:

- Casos de teste concebidos recentemente e não executados manualmente pelo menos uma vez
- Casos de teste para os quais os requisitos estão a mudar frequentemente

Casos de teste que são executados numa base ad-hoc.

3. Processo

Processo de teste automatizado:

Os passos seguintes são seguidos num processo de automatização

Passo 1) Seleção da ferramenta de teste

Etapa 2) Definir o âmbito da automatização

Etapa 3) Planeamento, conceção e desenvolvimento

Etapa 4) Execução do teste Etapa 5) Manutenção

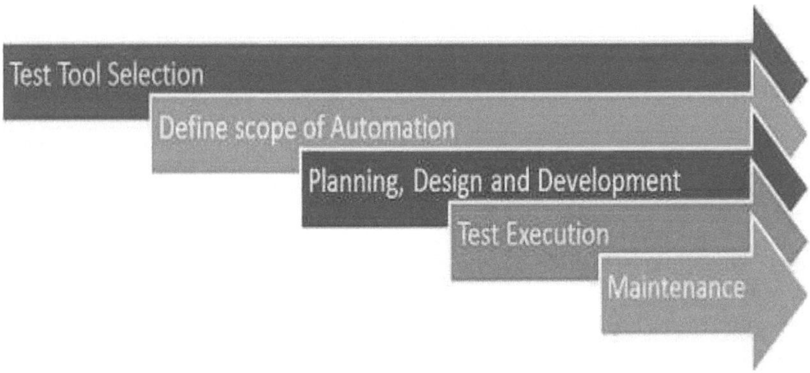

Test Tool Selection
Define scope of Automation
Planning, Design and Development
Test Execution
Maintenance

4. Seleção de ferramentas

Seleção de ferramentas de teste

A seleção da ferramenta de teste depende em grande medida da tecnologia em que a aplicação a testar foi construída. Por exemplo, o QTP não é compatível com a Informatica. Assim, o QTP não pode ser utilizado para testar aplicações da Informatica. É uma boa ideia realizar uma prova de conceito da ferramenta no AUT.

Definir o âmbito da automatização

O âmbito da automatização é a área da sua aplicação em teste que será automatizada. Os pontos seguintes ajudam a determinar o âmbito:

- As caraterísticas que são importantes para a empresa
- Cenários com uma grande quantidade de dados
- Funcionalidades comuns a todas as aplicações
- Viabilidade técnica
- A medida em que os componentes empresariais são reutilizados
- A complexidade dos casos de teste
- Capacidade de utilizar os mesmos casos de teste para testes entre navegadores

5. Processo

Planeamento, conceção e desenvolvimento

Durante esta fase, cria-se uma estratégia e um plano de automatização, que contém os seguintes pormenores

Ferramentas de automatização selecionadas

- Conceção do quadro e suas caraterísticas
- Elementos de automatização abrangidos e não abrangidos pelo âmbito de aplicação
- Preparação do banco de ensaios de automatização
- Calendário e cronologia da elaboração e execução de scripts
- Resultados dos ensaios de automatização

6. Execução

Execução de testes

Os Scripts de automatização são executados durante esta fase. Os scripts precisam de dados de teste de entrada antes de serem definidos para execução. Uma vez executados, fornecem relatórios de teste pormenorizados.

A execução pode ser efectuada utilizando diretamente a ferramenta de automatização ou através da ferramenta de gestão de testes, que invocará a ferramenta de automatização. Exemplo: O centro de qualidade é a ferramenta de gestão de testes que, por sua vez, invocará o QTP para a execução de scripts de automatização. Os guiões podem ser executados numa única máquina ou num grupo de máquinas. A execução pode ser efectuada durante a noite, para poupar tempo.

Abordagem de manutenção da automatização de testes

A abordagem de manutenção da automatização de testes é uma fase de testes de automatização efectuada para testar se as novas funcionalidades adicionadas ao software estão a funcionar bem ou não. A manutenção nos testes de automatização é executada quando são adicionados novos scripts de automatização que precisam de ser revistos e mantidos de modo a melhorar a eficácia dos scripts de automatização em cada ciclo de lançamento sucessivo.

7. Enquadramento

Quadro para automatização

Um quadro é um conjunto de diretrizes de automatização que ajudam a

- Manter a coerência dos ensaios
- Melhora a estruturação dos testes
- Utilização mínima de código
- Menos manutenção do código
- Melhorar a reutilização
- Os testadores não técnicos podem ser envolvidos no código
- O período de formação para utilizar a ferramenta pode ser reduzido
- Envolve os dados sempre que necessário

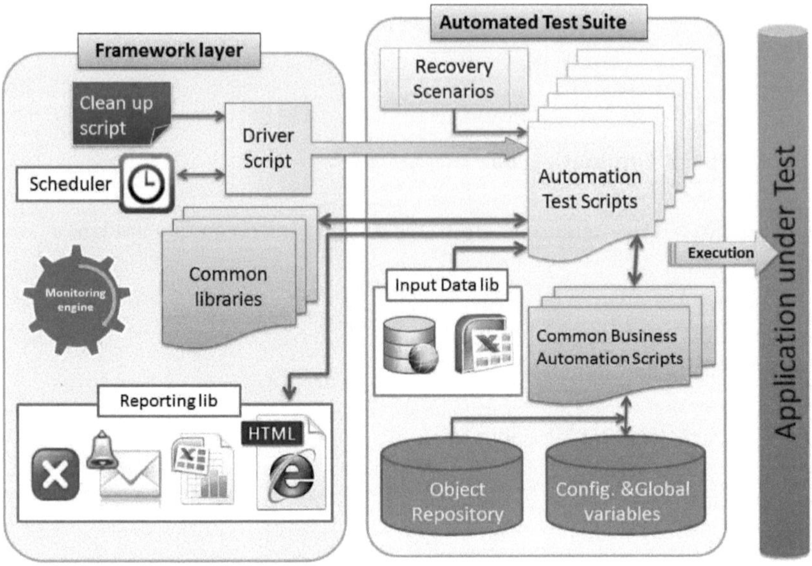
Automated Test Suite
Framework layer
Clean up script
Driver Script
Scheduler
Recovery Scenarios
Automation Test Scripts
Common libraries
Monitoring engine
Input Data lib
Execution
Common Business Automation Scripts
Reporting lib
HTML
Object Repository
Config. &Global variables
Application under Test

Existem quatro tipos de estruturas utilizadas na automatização dos testes de software:

1. Estrutura de automatização orientada por dados
2. Estrutura de automatização orientada por palavras-chave
3. Estrutura de Automatização Modular
4. Estrutura de Automatização Híbrida

8. Ferramenta de automatização

Melhores práticas de ferramentas de automatização

Para obter o máximo de ROI da automatização, observe o seguinte

- O âmbito da automatização tem de ser determinado em pormenor antes do início do projeto. Isto define corretamente as expectativas da automatização.
- Selecionar a ferramenta de automatização correta: Uma ferramenta não deve ser selecionada com base na sua popularidade, mas sim na sua adequação aos requisitos de automatização.
- Escolher um enquadramento adequado
- Normas de escrita de scripts - As normas têm de ser seguidas ao escrever os scripts para a automatização. Algumas delas são

  - Criar guiões, comentários e indentação uniformes do código

Tratamento adequado de excepções - A forma como o erro é tratado em caso de falha do sistema ou de comportamento inesperado da aplicação.

As mensagens definidas pelo utilizador devem ser codificadas ou normalizadas para o registo de erros, para que os testadores as compreendam.

- Medir as métricas - O sucesso da automatização não pode ser determinado comparando o esforço manual com o esforço de automatização, mas também captando as seguintes métricas.

  - Percentagem de defeitos encontrados

O tempo necessário para os testes de automatização para cada ciclo de lançamento

Tempo mínimo necessário para a libertação

Índice de Satisfação do Cliente

Melhoria da produtividade

As diretrizes acima referidas, se forem observadas, podem ajudar muito a tornar a sua automatização bem sucedida.

PROFIT
COST

9. Benefícios

Benefícios dos testes de automatização

Seguem-se as vantagens da automatização dos testes:

- 70% mais rápido do que o teste manual
- Cobertura de testes mais alargada das funcionalidades da aplicação
- Fiabilidade dos resultados
- Assegurar a coerência
- Poupa tempo e custos
- Melhora a precisão
- Não é necessária a intervenção humana durante a execução
- Aumenta a eficiência
- Maior rapidez na execução dos testes
- Scripts de teste reutilizáveis
- É possível obter mais ciclos de execução através da automatização
- Chegar cedo ao mercado

10. Tipo de ensaio

Tipos de testes automatizados

- Teste de fumo
- Testes unitários
- Teste de integração
- Testes funcionais
- Teste de palavras-chave
- Teste de regressão
- Testes orientados por dados
- Teste de caixa preta

11. Como escolher uma ferramenta de automatização?

Selecionar a ferramenta certa pode ser uma tarefa complicada. O critério seguinte ajudá-lo-á a selecionar a melhor ferramenta para as suas necessidades.

- Apoio ao ambiente
- Facilidade de utilização
- Teste da base de dados
- Identificação de objectos

- Teste de imagem
- Teste de recuperação de erros
- Mapeamento de objectos
- Linguagem de script utilizada
- Suporte para vários tipos de testes - incluindo funcionais, de gestão de testes, móveis, etc...
- Suporte para várias estruturas de teste
- Fácil de depurar os scripts do software de automatização
- Capacidade de reconhecer objectos em qualquer ambiente
- Relatórios e resultados de testes exaustivos
- Minimizar o custo de formação das ferramentas selecionadas

A seleção de ferramentas é um dos maiores desafios a enfrentar antes de optar pela automatização. Primeiro, identifique os requisitos, explore várias ferramentas e as suas capacidades, defina as expectativas em relação à ferramenta e faça uma prova de conceito.

12. Ferramentas de teste de automatização

Existem toneladas de Ferramentas de Teste Funcional e de Regressão disponíveis no mercado. Aqui estão as melhores ferramentas de automatização de testes certificadas pelos nossos especialistas

1) testRigor

O testRigor ajuda-o a expressar diretamente os testes como especificações executáveis em inglês simples. Os utilizadores de todas as capacidades técnicas podem criar testes completos de qualquer complexidade, abrangendo etapas móveis, Web e API num único teste. Os passos de teste são expressos ao nível do utilizador final em vez de dependerem de detalhes de implementação como XPaths ou CSS Selectors.

tR testRigor

Caraterísticas:

- Versão pública gratuita e permanente
- Os casos de teste estão em inglês
- Utilizadores ilimitados e testes ilimitados
- A forma mais fácil de aprender automação
- Gravador para passos na Web
- Integrações com CI/CD e gestão de casos de teste
- Testes de correio eletrónico e SMS

- Etapas Web + Móvel + API num só teste

2) <u>Estúdio Ranorex</u><u>https://bit.ly/3RAPjmC</u>

Mais de 14.000 utilizadores em todo o mundo aceleram os testes com o <u>Ranorex Studio</u>, uma ferramenta tudo-em-um para automatização de testes. A Ranorex tem ferramentas fáceis de clicar e usar sem código para iniciantes, além de um IDE completo e APIs abertas para especialistas em automação.

Caraterísticas:

- Testes funcionais da interface do utilizador e de extremo a extremo no ambiente de trabalho, na Web e em dispositivos móveis
- Testes entre navegadores
- SAP, ERP, Delphi e aplicações antigas.
- iOS eAndroid
- Executar testes localmente ou remotamente, em paralelo, em máquinas físicas ou virtuais
- Reprodução de vídeo da execução do teste
- Relatórios incorporados
- A Ranorex integra-se com soluções líderes como Jira, Git, Azure DevOps, Jenkins, Bamboo, Bugzilla, SpecFlow, NeoLoad, TestRail e muito mais para uma cadeia de ferramentas de teste completa

3) Kobiton

A plataforma de testes de dispositivos móveis da Kobiton oferece capacidades de automatização de testes baseadas em scripts e sem scripts. Os utilizadores podem criar testes manuais que podem ser executados novamente de forma automática numa variedade de dispositivos reais. A Kobiton suporta totalmente estruturas de automatização de testes, como Appium, Espresso e XCTest, ao mesmo tempo que oferece a sua própria automatização de testes sem scripts através do seu NOVAAI.

Caraterísticas:

- A gestão do laboratório de dispositivos da Kobiton permite-lhe ligar-se a dispositivos na nuvem, aos seus dispositivos locais, bem como aos dispositivos no local de trabalho.

- Os utilizadores podem criar automaticamente scripts de teste convertendo sessões de teste manuais em scripts que podem ser executados em vários dispositivos.

- Integre facilmente o seu sistema de gestão de defeitos para registar automaticamente bilhetes com sessões de depuração anexadas quando um teste falha.

- A tecnologia Appium Anywhere da Kobiton garante scripts de teste com menos falhas, assegurando que o seu teste é executado da mesma forma em todos os dispositivos

- A automação de testes sem scripts da Kobiton gera código Appium 100% de padrão aberto para uso flexível.

4) LambdaTest

LambdaTest é uma das ferramentas mais preferidas para efetuar testes automatizados entre browsers. Oferece uma grelha selenium ultra-rápida, escalável e segura, que os utilizadores podem utilizar e executar os seus testes em mais de 2000 navegadores e sistemas operativos. Suporta todos os browsers mais recentes e antigos.

Caraterísticas

- Construído sobre a mais recente pilha de tecnologia, a execução de testes é rápida e perfeita
- Execução de testes em paralelo para encurtar os ciclos de teste
- Fácil integração com várias ferramentas de execução CI/CD, gestão de projectos e comunicação de equipas.
- Os utilizadores podem realizar testes de localização geográfica e testes do seu sítio Web alojado localmente.
- Os utilizadores podem utilizar várias APIs para extrair todos os dados de que necessitam
- Suporte para todas as principais linguagens e estruturas

5) Avo Assure

O Avo Assure é uma solução de teste de automação sem código, inteligente e heterogénea. Com o Avo Assure, é possível executar casos de teste sem escrever uma única linha de código e alcançar mais de 90% de cobertura de automação de teste.

Caraterísticas:

- 100% sem código
- Heterogéneo - Teste na Web, Windows, não-UI (Web

  serviços, tarefas em lote), plataformas móveis (Android e IOS), ERPs, Mainframes e emuladores associados
- Testes de acessibilidade
- Programação inteligente para executar casos de teste numa única VM de forma independente ou em paralelo. Agende a execução durante

  horário não comercial
- Relatórios fáceis de compreender e intuitivos
- Mais de 1500 palavras-chave pré-construídas e pacote acelerador SAP
- Integração com Jira, Jenkins, ALM, QTest, Salesforce, Sauce Labs, TFS, etc.

6) Assunto7

O Subject7 é uma solução de automatização de testes baseada na nuvem, "verdadeiramente sem código", que unifica todos os testes numa única plataforma e permite que qualquer pessoa se torne um especialista em automatização. O nosso software fácil de utilizar acelera a criação de testes, reduz a manutenção de testes e é escalável sem esforço.

Caraterísticas principais:

- Suporta testes funcionais, de regressão, de ponta a ponta, de API e de bases de dados, bem como testes não funcionais, incluindo carga, segurança e acessibilidade.
- Integra-se facilmente com ferramentas DevOps/Agile utilizando plugins nativos, integrações na aplicação e openAPIs.
- Execução paralela em alta escala na nuvem ou no local com segurança de nível empresarial.
- Relatórios flexíveis e identificação de defeitos persistentes, com captura de vídeo dos resultados.
- Preços simples e não medidos, proporcionando previsibilidade financeira. • Compatível com SOC2 Tipo 2

7) Selénio

É uma ferramenta de teste de software utilizada para testes de regressão. É uma ferramenta de teste de código aberto que oferece a possibilidade de reprodução e gravação para testes de regressão. O IDE Selenium suporta apenas o navegador web Mozilla Firefox.

- Oferece a possibilidade de exportar o script gravado noutras linguagens, como Java, Ruby, RSpec, Python, C#, etc. • Pode ser utilizado com estruturas como JUnit e TestNG
- Pode executar vários testes ao mesmo tempo
- Autocompletar para comandos do Selenium que são comuns
- Testes de orientação
- Identifica o elemento utilizando id, nome, X-path, etc.
- Armazene testes como Ruby Script, HTML e qualquer outro formato
- Oferece uma opção para afirmar o título de cada página
- Suporta o ficheiro selenium user-extensions.js
- Permite inserir comentários no meio do script para melhor compreensão e depuração

Resumo

A automatização dos testes é uma técnica de teste de software que utiliza ferramentas especiais de software de teste automatizado para executar um conjunto de casos de teste. A automatização dos testes é a melhor forma de aumentar a eficácia, a cobertura dos testes e a velocidade de execução dos testes de software.

A seleção da ferramenta de teste depende em grande medida da tecnologia em que a aplicação a testar foi construída.

A abordagem de manutenção da automatização dos testes é uma fase de testes de automatização efectuada para testar se as novas funcionalidades adicionadas ao software estão a funcionar bem ou não.

A seleção correta da ferramenta de automatização, do processo de teste e da equipa são factores importantes para que a automatização seja bem sucedida. Os métodos manuais e de automatização andam de mãos dadas para que os testes sejam bem sucedidos.

O que é o selénio?

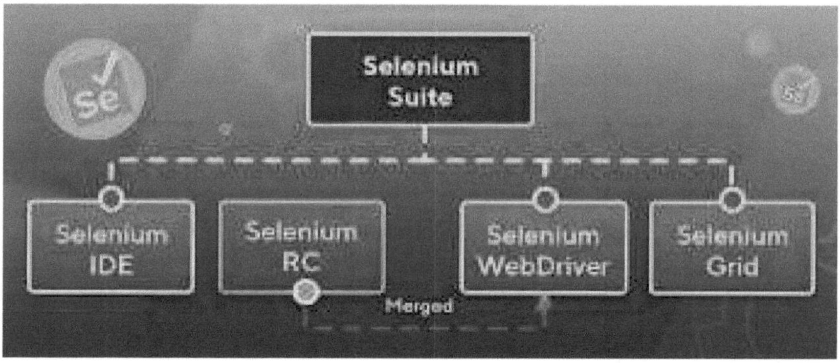
Selenium Suite
Selenium IDE
Selenium RC
Selenium WebDriver
Selenium Grid
Merged

O Selenium é uma estrutura de testes automatizada gratuita (de código aberto) utilizada para validar aplicações Web em diferentes navegadores e plataformas. Pode utilizar várias linguagens de programação, como Java, C#, Python, etc., para criar scripts de teste Selenium. Os testes efectuados com a ferramenta de teste Selenium são normalmente designados por testes Selenium.

Conjunto de ferramentas Selenium

O software Selenium não é apenas uma única ferramenta, mas um conjunto de software, cada peça atendendo a diferentes necessidades de teste de QA Selenium de uma organização.

Eis a lista de ferramentas

- Ambiente de desenvolvimento integrado (IDE) Selenium
- Controlo remoto Selenium (RC)
- WebDriver
- Grelha de selénio

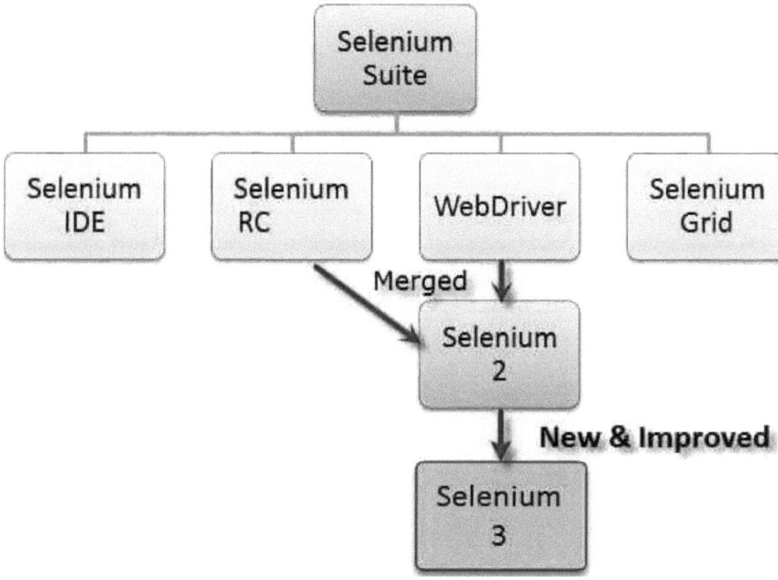
Selenium
Suite
Selenium
IDE
Selenium
RC
WebDriver
Selenium
Grid
Merged
Selenium
2
New & Improved
Selenium
3

Neste momento, o Selenium RC e o WebDriver estão fundidos numa única estrutura para formar o Selenium 2. O Selenium 1, a propósito, refere-se ao Selenium RC.

Quem desenvolveu o Selenium?

Uma vez que o Selenium é uma coleção de diferentes ferramentas, também teve diferentes programadores. Abaixo estão as pessoas-chave que fizeram contribuições notáveis para o Projeto Selenium

Primeiramente, o Selenium foi criado por Jason Huggins em 2004. Um engenheiro da ThoughtWorks, ele estava trabalhando em um aplicativo da Web que exigia testes frequentes. Tendo percebido que os repetitivos testes manuais da aplicação estavam se tornando cada vez mais ineficientes, ele criou um

programa JavaScript que controlaria automaticamente as acções do browser. Ele chamou esse programa de "JavaScriptTestRunner".

Ao ver o potencial desta ideia para ajudar a automatizar outras aplicações Web, tornou o JavaScriptRunner open-source, que mais tarde foi rebatizado de Selenium Core.

13) O que é o WebDriver?

O WebDriver prova ser melhor do que o Selenium IDE e o Selenium RC em muitos aspectos. Ele implementa uma abordagem mais moderna e estável na automatização das ações do navegador. O WebDriver, ao contrário do Selenium RC, não depende do JavaScript para o teste de automação do Selenium. Ele controla o navegador comunicando-se diretamente com ele.

Os idiomas suportados são os mesmos que os do Selenium RC.

- Java • C#
- PHP
- Python
- Perl
- Rubi

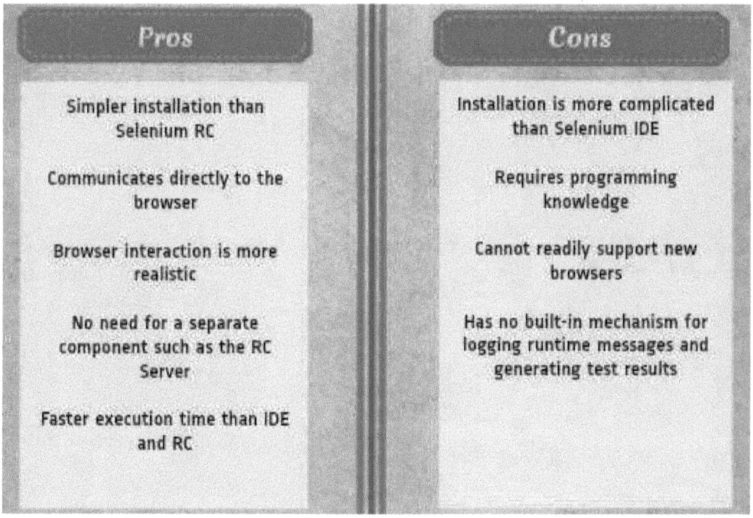
Pros
Simpler installation than Selenium RC
Communicates directly to the browser
Browser interaction is more realistic
No need for a separate component such as the RC Server
Faster execution time than IDE and RC
Cons
Installation is more complicated than Selenium IDE
Requires programming knowledge
Cannot readily support new browsers
Has no built-in mechanism for logging runtime messages and generating test results

O que é o Selenium Grid?

O Selenium Grid é uma ferramenta utilizada em conjunto com o Selenium RC para executar testes paralelos em diferentes máquinas e diferentes navegadores, todos ao mesmo tempo. A execução paralela significa executar vários testes ao mesmo tempo. Caraterísticas:

- Permite a execução simultânea de testes em vários navegadores e ambientes.
- Poupa imenso tempo.
- Utiliza o conceito de hub e nós. O hub actua como uma fonte central de comandos Selenium para cada nó ligado a ele.

Suporte para navegador e ambiente Selenium

Devido às suas diferenças arquitectónicas, o Selenium IDE, o Selenium RC e o WebDriver suportam diferentes conjuntos de browsers e ambientes operativos.

	IDE do Selenium	WebDriver
Suporte do navegador	MozillaFirefox e Chrome	Google Chrome 12+ Firefox Internet Explorer 7+ e Edge Safari, HtmlUnit e PhantomUnit
Funcionamento Sistema	Windows,Mac OS X, Linux	Todos os sistemas operativos onde os navegadores acima possam ser executados.

Nota: O Opera Driver já não funciona

Como escolher a ferramenta Selenium certa para as suas necessidades

Ferramenta	Porquê escolher?
IDE do Selenium	• Conhecer conceitos sobre testes automatizados e Selenium, incluindo: • Comandos selenenses como type, open, clickAndWait, assert, verify, etc. • Localizadores como id, nome, xpath, seletor css, etc. • Execução de código JavaScript personalizado usando runScript • Exportação de casos de teste em vários formatos. • Para criar testes com pouco ou nenhum conhecimento prévio de programação. • Para criar casos de teste simples e conjuntos de teste que podem ser exportados posteriormente para RC ou WebDriver. • Para testar uma aplicação Web apenas no Firefox e no Chrome.
Selénio RC	• Conceber um teste utilizando uma língua mais expressiva do que o selenês • Para executar o seu teste em diferentes navegadores (exceto HtmlUnit) em diferentes sistemas operativos. • Para implantar seus testes em vários ambientes usando o Selenium Grid. • Para testar a sua aplicação num novo browser que suporte JavaScript. • Para testar aplicações Web com cenários complexos baseados em AJAX.
WebDriver	• Utilizar uma determinada linguagem de programação na conceção do seu caso de teste. • Para testar aplicações que são ricas em funcionalidades baseadas em AJAX. • Para executar testes no navegador HtmlUnit. • Para criar resultados de teste personalizados.
Selénio Grelha	• Para executar os seus scripts Selenium RC em vários browsers e sistemas operativos em simultâneo. • Para executar um enorme conjunto de testes, que precisa de ser concluído no mais curto espaço de tempo possível.

Uma comparação entre o Selenium e o QTP (atualmente UFT)

O Quick Test Professional (QTP) é uma ferramenta proprietária de testes automatizados, anteriormente propriedade da empresa Mercury Interactive, antes de ser adquirida pela Hewlett-Packard em 2006. O seu proprietário posterior é a MicroFocus e a ferramenta passou a chamar-se UFT one. O Selenium Tool Suite tem muitas vantagens em relação ao QTP, como se

pode ver de seguida

Vantagens e benefícios do Selenium em relação ao QTP

Código aberto, de utilização livre e gratuito.	Comercial.
Altamente extensível	Complementos limitados
Pode executar testes em diferentes navegadores	Só é possível executar testes no Firefox, Internet Explorer e Chrome
Suporta vários sistemas operativos	Só pode ser utilizado no Windows
Suporta dispositivos móveis	O QTP suporta a automatização de testes de aplicações móveis (iOS e Android) utilizando a solução HP denominada - HP Mobile Center
Pode executar testes enquanto o navegador está minimizado	É necessário que a aplicação a testar esteja visível no ambiente de trabalho

Só pode executar testes em Pode executar testes em paralelo, mas utilizando paralelamente. Quality Center, que é novamente um produto pago.

Vantagens do QTP em relação ao Selenium

QTP	Selénio
Pode testar aplicações Web e de ambiente de trabalho	Só pode testar aplicações Web
Inclui um repositório de objectos incorporado	Não tem um repositório de objectos incorporado
Automatiza mais rapidamente do que o Selenium e é um IDE com todas as funcionalidades.	Automatiza a um ritmo mais lento do que um IDE completo, porque não tem um IDE nativo e só pode ser utilizado um IDE de terceiros para o desenvolvimento.
Os testes orientados por dados são mais fáceis de efetuar porque têm tabelas de dados globais e locais incorporadas.	Os testes baseados em dados são mais complicados, uma vez que é necessário confiar nas capacidades da linguagem de programação para definir valores para os dados de teste
Pode aceder a controlos dentro do browser (como a barra de Favoritos, a barra de Endereços, os botões Voltar e Avançar, etc.)	Não é possível aceder a elementos fora da aplicação web em teste
Fornece apoio profissional ao cliente	Não está a ser oferecido qualquer apoio oficial ao utilizador.
Tem capacidade nativa para exportar dados de teste para formatos externos	Não tem capacidade nativa para exportar dados de tempo de execução para formatos externos
Suporte de parametrização é construído	A parametrização pode ser efectuada através de programação, mas é difícil de implementar.
Os relatórios de teste são gerados automaticamente / relatórios de erros.	Não há suporte nativo para gerar testes

Embora o QTP tenha claramente capacidades mais avançadas, o Selenium supera o QTP em três áreas principais:

- Custo (porque o Selenium é totalmente gratuito)
- Flexibilidade (devido ao número de linguagens de programação, navegadores e plataformas que pode suportar)

- Testes paralelos (algo que o QTP é capaz de fazer, mas apenas com a utilização do Quality Center)

14. Introdução à estrutura híbrida

O Hybrid Driven Framework é uma escolha popular, particularmente entre os testadores manuais que possuem conhecimentos limitados de programação. Esta estrutura foi concebida para colmatar a lacuna entre os testes manuais e os testes automatizados, permitindo que os testadores criem e executem casos de teste sem se aprofundarem nas complexidades das linguagens de programação. Veja como o Hybrid Driven Framework funciona em detalhes:

1. Palavras-chave, dados de teste e repositório de objectos:

Palavras-chave: No Hybrid Driven Framework, os casos de teste são escritos num formato tabular utilizando palavras-chave específicas que representam acções a realizar (como "clicar", "escrever", "verificar", etc.).

Dados de teste: Os dados de teste, incluindo entradas, saídas esperadas e outros parâmetros, são armazenados separadamente. Os testadores podem facilmente modificar esses dados sem alterar a estrutura do caso de teste.

Repositório de objectos: Os objectos da aplicação (como botões, campos, etc.) são mapeados para nomes lógicos, armazenados num repositório de objectos. Os testadores associam estes objectos a palavras-chave correspondentes para interação.

2. Não é necessário codificar:

Os testadores manuais, sem conhecimentos de programação, podem compreender as palavras-chave e as acções que lhes estão associadas. Não precisam de escrever código complexo para automatizar casos de teste.

Os testadores podem concentrar-se em compreender o comportamento da aplicação, testar cenários e criar casos de teste eficazes com base no seu conhecimento do domínio.

3. Flexibilidade e reutilização:

Flexibilidade: Os testadores podem modificar facilmente os casos de teste editando as palavras-chave, os dados de teste ou as entradas do repositório de objectos, permitindo ajustes rápidos para alterar os requisitos de teste.

Reutilização: Uma vez que as palavras-chave são acções reutilizáveis, podem ser utilizadas em vários casos de teste, aumentando a eficiência e poupando tempo.

4. Abordagem modular:

O Hybrid Driven Framework segue uma abordagem modular. Os casos de teste são divididos em módulos mais pequenos com base em funcionalidades ou caraterísticas, facilitando a gestão e a manutenção do conjunto de testes.

5. Integração com fontes de dados:

A estrutura pode ser integrada com fontes de dados externas, como folhas de Excel ou bases de dados. Isto permite uma escalabilidade fácil, uma vez que os testadores podem adicionar ou modificar dados de teste sem alterar a estrutura do caso de teste.

6. Relatórios simplificados:

Os resultados da execução dos testes podem ser capturados e apresentados num formato legível. Os testadores podem identificar rapidamente quais os casos de teste que passaram, falharam ou encontraram problemas, ajudando a rastrear e a resolver eficazmente os erros.

Em suma, o Hybrid Driven Framework fornece uma abordagem intuitiva e fácil de utilizar para os testadores manuais fazerem a transição para a automatização sem grandes competências de programação. Ao concentrarem-se em palavras-chave, dados de teste e repositório de objectos, os testadores podem criar, modificar e executar casos de teste, melhorando assim a eficiência e a eficácia do processo de teste, mesmo sem um conhecimento profundo de linguagens de programação.

A estrutura Hybrid Driven é maioritariamente utilizada por testadores manuais que não têm muitos conhecimentos de linguagens de programação. Essas pessoas podem simplesmente dar uma vista de olhos às palavras-chave, aos dados de teste e ao repositório de objectos e começar a criar o caso de teste imediatamente, sem terem de codificar nada na estrutura.

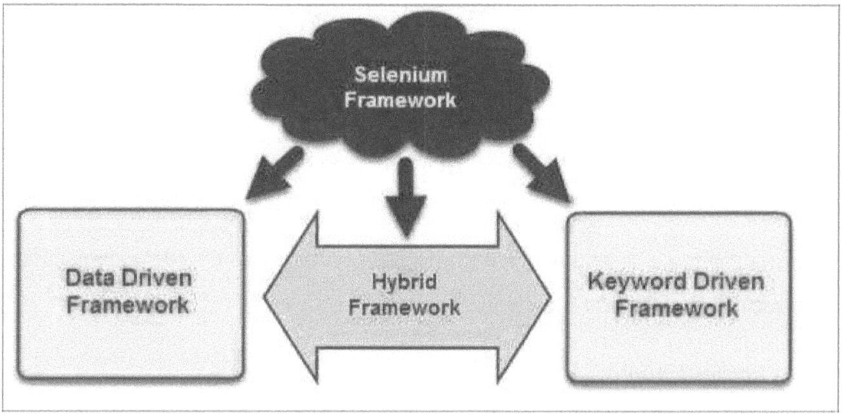
Selenium
Framework
Data Driven
Framework
Hybrid
Framework
Keyword Driven
Framework

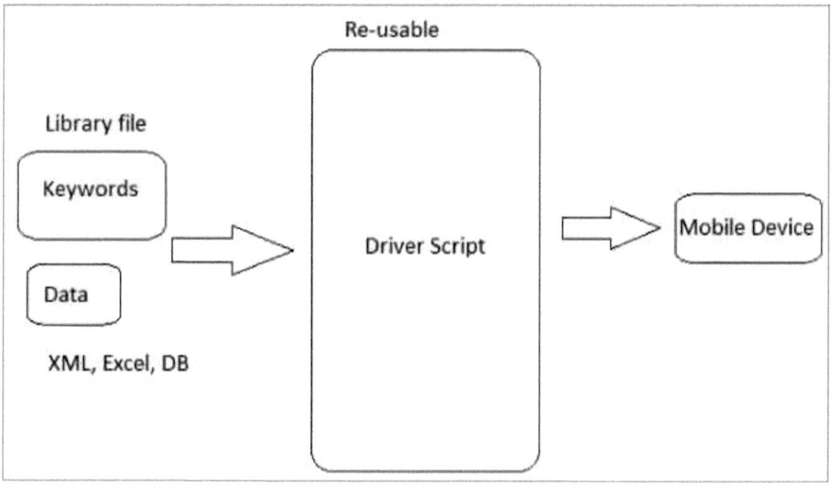
Re-usable
Library file
Keywords
Data
XML, Excel, DB
Driver Script
Mobile Device

15. Componentes da estrutura orientada por híbridos

Os componentes da estrutura híbrida são semelhantes aos componentes da estrutura orientada por palavras-chave, em que todos os dados de teste, bem como as palavras-chave, são externalizados, fazendo com que o guião apareça de uma forma mais generalizada

1. Função Biblioteca
2. Folha de Excel para armazenar palavras-chave
3. Modelo de caso de teste de projeto
4. Repositório de objectos para elementos/localizadores
5. Scripts de teste ou Script de driver

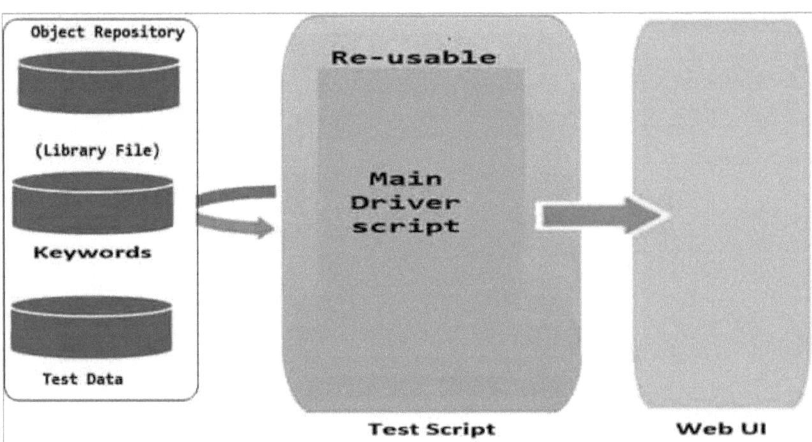
Object Repository
(Library File)
Keywords
Test Data
Re-usable
Main
Driver
script
Test Script
Web UI

#1) Biblioteca de funções

Os métodos definidos pelo utilizador são criados para cada ação do utilizador. Por outras palavras, as palavras-chave são criadas no ficheiro da biblioteca.

Por exemplo: Primeiro, os casos de teste e os seus passos são analisados e as suas acções são anotadas.

Por exemplo, em TC 01: Verificar a presença do logótipo da Amazon - as acções do utilizador serão: Introduzir URL

Em TC 02: Verificar início de sessão válido - as acções do utilizador são Introduzir URL, Clicar, Digitar

Em TC03: Verificar início de sessão inválido - as acções do utilizador são Introduzir URL, Clicar, Digitar

#2) Folha de Excel para armazenar palavras-chave

As palavras-chave criadas no ficheiro da biblioteca são armazenadas numa folha de Excel com a respectiva descrição para que qualquer pessoa que utilize esta estrutura possa compreendê-las.

Repositório de objectos para dados de teste em casos de teste

Deixem-me mostrar-vos um exemplo simples de como todos os dados de teste envolvidos no script são externalizados, tendo a estrutura mais generalizada.

- Externalização de dados de teste do modelo de caso de teste:

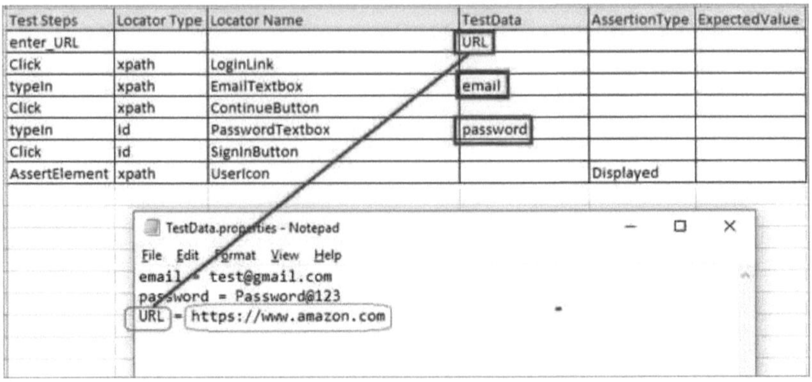

Test Steps	Locator Type	Locator Name	TestData	AssertionType	ExpectedValue
enter_URL			URL		
Click	xpath	LoginLink			
typeIn	xpath	EmailTextbox	email		
Click	xpath	ContinueButton			
typeIn	id	PasswordTextbox	password		
Click	id	SignInButton			
AssertElement	xpath	UserIcon		Displayed	

TestData.properties - Notepad
File Edit Format View Help
email = test@gmail.com
password = Password@123
URL = https://www.amazon.com

Do mesmo modo, os dados de teste também são lidos a partir do ficheiro de propriedades.

- Repositório de objectos para dados de teste no guião geral

Outros dados gerais, como o nome do navegador, a localização do controlador executável, o nome do ficheiro do caso de teste, etc., também podem ser externalizados num repositório separado.

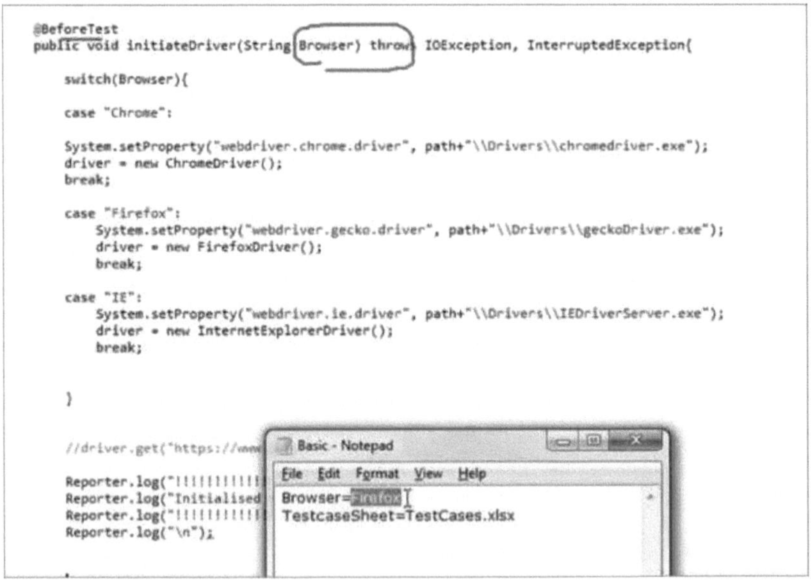

@BeforeTest
public void initiateDriver(String Browser) throws IOException, InterruptedException{
switch(Browser){
case "Chrome":
System.setProperty("webdriver.chrome.driver", path+"\\Drivers\\chromedriver.exe");
driver = new ChromeDriver();
break;
case "Firefox":
System.setProperty("webdriver.gecko.driver", path+"\\Drivers\\geckoDriver.exe");
driver = new FirefoxDriver();
break;
case "IE":
System.setProperty("webdriver.ie.driver", path+"\\Drivers\\IEDriverServer.exe");
driver = new InternetExplorerDriver();
break;
}
Reporter.log("\n");
Basic - Notepad
File Edit Format View Help
Browser=Firefox
TestcaseSheet=TestCases.xlsx

No exemplo acima, o parâmetro do browser é externalizado num ficheiro de propriedades - Basic.properties.

- Passagem de dados de teste do conjunto TestNG:

TestData também pode ser passado de um ficheiro de suite de TestNG para o método.

Usamos uma tag chamada <parameter> no arquivo TestNG.xml logo acima da classe onde ela é usada.

Sintaxe: <parameter name = "any_name" value="value_to_be_passed"/>

Depois de o conjunto de testes ser especificado com o nome do parâmetro e o seu valor, são utilizadas anotações no guião para especificar o método que utiliza o valor. Isto é especificado utilizando a anotação @Parameters.

Sintaxe: @Parameters({"value_to_be_passed"})

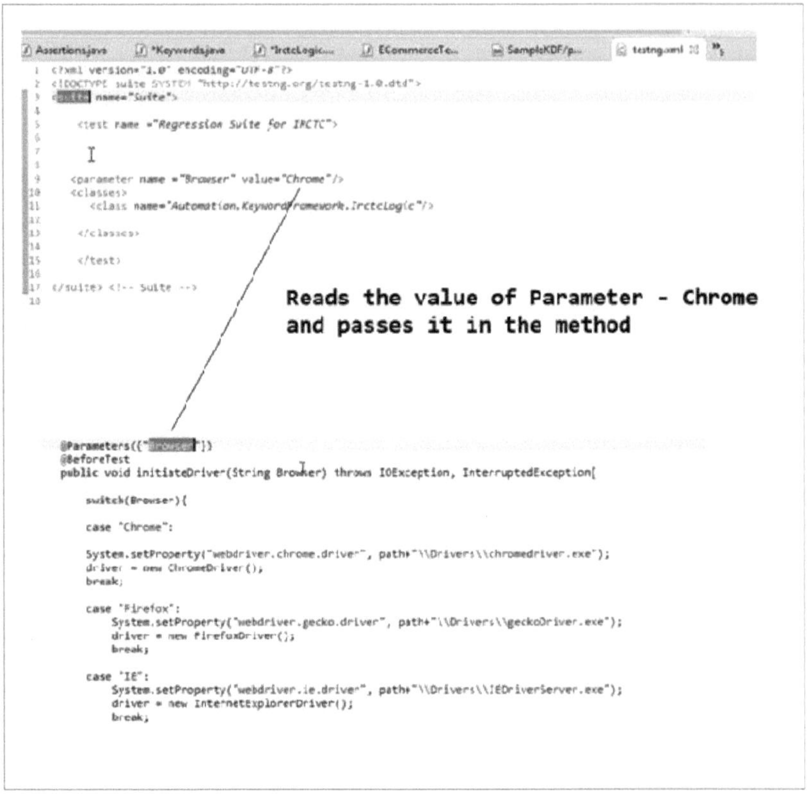
Reads the value of Parameter - Chrome
and passes it in the method

Também podem ser passados vários parâmetros para um método como:

Sintaxe :

```
<parâmetro name = "Browser" value="Chrome"/>

<parameter name = "SheetName" value="TestCase.xls"/>

<parameter name = "DriverLocation" value="chromedriver.exe"/>

<classes>

<class name= "com.automation.Amazon"/>

</classes>
```

```
@Parameters({"Chrome"}, {" TestCase.xls"}, {" chromedriver.exe"})
public void init(String Browser, String SheetName, String DriverLocation){
.....
......
..........
}
```

Note-se que isto não se refere a valores múltiplos do mesmo parâmetro, apenas aceita valores múltiplos de parâmetros diferentes.

#3) Conceber um modelo de caso de teste

É criado um modelo de caso de teste para a estrutura. Não existe um modelo específico a seguir. De acordo com a estrutura híbrida, os dados de teste e as palavras-chave devem ser externalizados. Por isso, é criado um modelo em conformidade.

#4) Repositório de Objectos para Elementos

É mantido um Repositório separado para todos os elementos da página Web.

Cada WebElement é referido com um nome seguido do seu valor num Repositório de Objectos (neste caso, é um ficheiro de propriedades). O modelo do caso de teste contém o nome do objeto e o seu valor é retirado do repositório

#5) Script do condutor

Este contém a lógica principal para ler todos os casos de teste da folha de Excel do modelo de caso de teste e executa a ação correspondente lendo a partir do ficheiro da biblioteca. O guião é concebido com base no modelo de caso de teste criado.

Conclusão

Assim, uma estrutura híbrida pode ser criada e utilizada para automatizar qualquer aplicação. Isto, por sua vez, reduzirá as horas de trabalho gastas na criação de scripts para o código de automatização, uma vez que uma estrutura criada pode ser utilizada para automatizar várias aplicações.

Referência

1. https://home.cs.colorado.edu/~kena/classes/5828/s10/presentations/automation_test_frameworks.pdf

2. https://home.cs.colorado.edu/~kena/classes/5828/s12/presentation-materials/ghanakotagayatri.pdf

3. https://www.softwaretestinggenius.com/download/autfrmwrk.pdf

4. https://www.researchgate.net/publication/224196816_A_framework_for_automated_testing_of_automation_systems

5. http://www.csjournals.com/IJITKM/PDF%207-2/30.%20R.Popli.pdf

MIX
Papier aus verantwortungsvollen Quellen
Paper from responsible sources
FSC® C105338

Printed by Books on Demand GmbH, Norderstedt / Germany